Marwa Ibrahim

Iluminação pública solar SMART

Marwa Ibrahim

Iluminação pública solar SMART

ScienciaScripts

Cover image: www.ingimage.com

This book is a translation from the original published under ISBN 978-620-8-06389-4.

Publisher:
Sciencia Scripts
is a trademark of
Dodo Books Indian Ocean Ltd. and OmniScriptum S.R.L publishing group

120 High Road, East Finchley, London, N2 9ED, United Kingdom
Str. Armeneasca 28/1, office 1, Chisinau MD-2012, Republic of Moldova, Europe
Printed at: see last page
ISBN: 978-620-8-12162-4

Biografia do autor

Nome: **Marwa Abd El-Rahman**
Data de nascimento: 01/08/1986
Título: Dr. / Investigador
Filiação: Mech. Eng. Departamento,
Centro Nacional de Investigação (NRC)
Domínio: Engenharia mecânica
Especialização: Energias Renováveis & SMART Grids
Experiências: +15 anos
Publicações: +24 artigos e 7 livros
Conferências
& +15 Dentro e fora do EGIPTO
Associações:
- Sociedade Internacional para a Ciência e Engenharia (JISSE)
- Sociedade Egípcia de Engenheiros

Endereço: El-Buhouth St., Dokki, Cairo, EGIPTO
Correio eletrónico: yara_mh2003@yahoo.com

DEDICAÇÃO

Este livro é dedicado aos nossos pais. Nos meus primeiros anos de vida, eles alimentaram-me com o seu grande cuidado e amor. A sua força durante a sua vida deu-me uma nova apreciação do significado da família e do amor. Ao longo da minha vida, a sua autoridade como modelo no meu coração nunca foi alterada.

RESUMO

Este livro apresenta um estudo sobre a utilização da energia solar em vez da energia dos combustíveis fósseis para iluminar as ruas escuras e sombrias. É implementado um sistema inteligente de iluminação pública e a viabilidade do SSL é avaliada através de um estudo de caso de uma rua localizada remotamente num promotor imobiliário da Universidade do Cairo, no distrito de Bolak Al Dakrour, em Gizé, Egito. O principal objetivo é investigar a viabilidade técnica da conceção de sistemas solares autónomos, avaliar a análise custo-benefício das luminárias solares LED em comparação com as luminárias eléctricas convencionais para o sistema de iluminação pública exterior e determinar o dimensionamento dos componentes do sistema, bem como a simulação de arranjos de iluminação é realizada utilizando o pacote de software DIALUX 4.12. Os resultados mostram que o candeeiro de rua solar integrado, incluindo sensor de movimento, é utilizado neste estudo, incluindo LÂMPADA de 15 W LED PHILIPS, painel monocristalino de 45 W, bateria de iões de lítio de 12 V 37,5 AH e controlador de carga de 10 A 12 V. Este sistema proposto foi concebido de acordo com 12 horas de funcionamento: 4 horas com 100% de eficiência, 4 horas com 75% de eficiência e 4 horas com 50% de eficiência. As luminárias estão dispostas em dois lados deslocados, a altura do poste é de 7 m e a distância do poste é de 32 m. O custo-benefício da utilização de luminárias LED solares em relação às luminárias eléctricas normais atinge cerca de 62% e o período de retorno do investimento é de 2 anos. Assim, o sistema de iluminação pública LED alimentado por energia solar proposto é tecnicamente viável nas ruas egípcias; as lâmpadas LED podem poupar mais de metade da energia necessária, permitindo a utilização de um pequeno sistema fotovoltaico e financeiramente viável e o impacto ambiental das emissões de CO2. Além disso, se a tendência decrescente dos custos dos sistemas fotovoltaicos se mantiver e os preços da eletricidade aumentarem, os sistemas de iluminação solar poderão ser viáveis no futuro.

Índice

Nomenclatura

Abbreviations	
B	battery
CCU	charge controller unit
CEN	European union standards
CO_2	carbon dioxide
COE	cost of energy
DOD	depth of discharge
EEDAS	Egyptian electricity distribution company
HRES	hybrid renewable energy system
ICIE	the international commission on illumination
LED	lighting emitted diode
NASA	national aeronautics and space administration
NPC	net present cost
SPV	solar photo-voltaic
SSL	solar street lighting
UV	ultra violet
Letters	
a	boom length
an	number of luminaries
b	boom angle
Bc	battery capacity
C	plane angle
D	days of autonomy
E	energy consumption
h	height of Luminaire
Hs	Peak solar hours in worst case of winter season (hr).
L	illumination level or luminous intensity
L_P	luminance of a point p on the road surface
M	m is motion percentage
Mn	maintenance factor
P (PV)	power of pv
Q	luminaries power in lumens
r	reduced luminance coefficient of the road surface
s	pole distance or luminaries spacing
U	utilization factor
Vsys	System voltage.
W	street width
Greek symbols	
α_g	angle of observation (from the horizontal)
β	angle between plane of light incidence and plane of observation
γ	light incidence angle
ΦL	luminous flux of the Luminaire

1. INTRODUÇÃO

Atualmente, o mundo está a sofrer uma escassez de energia devido ao aumento do consumo médio de energia per capita; estamos a enfrentar uma crise energética em resultado do rápido crescimento da população e do aumento do nível de vida. Como resultado, o armazenamento global de petróleo e gás natural tem vindo a diminuir gradualmente. Também como consequência, os projectos de energias renováveis ganharam muita atenção de pessoas de todo o mundo que procuram soluções para os problemas energéticos mundiais. O sistema de energia solar é uma das fontes de energia renováveis que transforma a luz solar em eletricidade utilizando módulos solares fotovoltaicos. A energia gerada pode ser diretamente armazenada ou utilizada, reintroduzida na rede eléctrica ou combinada com uma ou mais fontes de energia renováveis diferentes. Um candeeiro de rua solar é um sistema de iluminação que utiliza painéis solares para captar a luz solar e convertê-la em energia eléctrica, que é depois armazenada em baterias para ser utilizada posteriormente para alimentar lâmpadas LED (díodos emissores de luz) durante a noite. Estas luzes são concebidas para iluminação exterior e são normalmente utilizadas para iluminação de ruas, parques de estacionamento, caminhos, parques e outras áreas públicas onde a iluminação tradicional

alimentada pela rede eléctrica pode não estar disponível ou não ser rentável. Hoje em dia, temos tudo para a conservação de energia que funciona com energia solar [1],
[2] tais como casas e automóveis alimentados a energia solar, iluminação pública com díodos emissores de luz (LED), etc. Anualmente, os sistemas de iluminação pública absorvem 43,9 mil milhões de kWh de eletricidade [3]. Devido aos seus benefícios ambientais, a tecnologia solar fotovoltaica (PV) é apontada como uma solução para esta parte da carga eléctrica. Muitos projectos de investigação [4], [5], [6], [7] destacaram o estudo da viabilidade de sistemas de iluminação pública centrados na análise das poupanças de energia e na viabilidade económica. Embora a maioria dos estudos de conceção e otimização de sistemas existentes se concentre na viabilidade tecnológica de iluminação pública ligada à rede ou autónoma [8], [1], parece haver poucos estudos que considerem adequadamente a sustentabilidade ambiental. Os candeeiros de rua solares são fontes de luz elevadas alimentadas por painéis solares que são normalmente colocados na estrutura de iluminação ou instalados no próprio poste. Os painéis solares carregam uma bateria recarregável, que é depois utilizada para alimentar uma lâmpada fluorescente ou LED durante a noite. A utilização de lâmpadas HD na iluminação pública eléctrica desperdiça mais

eletricidade. Uma nova geração de iluminação pública solar LED está a ganhar popularidade, sendo estas luzes amigas do ambiente e fáceis de montar, para além de proporcionarem um desempenho LED de alta intensidade. O consumo do sector da iluminação representa cerca de 15% do consumo global de energia e 5% das emissões de carbono [9]. Liu [10] investiga e compara a viabilidade económica de dois tipos de sistemas de iluminação pública com base em duas opções de materiais de painéis solares na província de Hunan, China: sistemas isolados e sistemas ligados à rede. Os resultados revelam que os painéis monocristalinos têm um maior número de produção anual de energia, menores emissões e maior eficiência ambiental para sistemas de iluminação pública em todas as regiões, mas são mais abrangentes do que os policristalinos. O custo da eletricidade dos sistemas de iluminação alimentados a energia solar é frequentemente inferior ao de um sistema puramente alimentado pela rede se a tarifa de alimentação for superior a 1,27 CNY/kWh.

Ultimamente, as taxas de iluminação residencial e pública representam mais de 50% da procura de eletricidade na Líbia [11], melhorando a situação energética na Líbia através da substituição dos sistemas de iluminação pública de sódio de alta pressão por sistemas de iluminação pública LED alimentados por energia solar. Os resultados mostraram que a substituição do sistema de lâmpadas de sódio de alta pressão pelo sistema de lâmpadas LED poupa 75% de energia e diminui as emissões de CO_2 em 75%, sendo as duas soluções alimentadas a energia solar economicamente viáveis e sustentáveis. Considerando que muitos sistemas fora da rede se concentraram até agora na iluminação doméstica de sucesso misto, outro estudo investigou a conceção de um centro de energia solar para uma aldeia rural no Quénia [12] que permite actividades comunitárias geradoras de rendimentos, para além da iluminação básica e do carregamento de telemóveis. O pré-requisito tecnológico e económico para a conceção de um sistema de iluminação complexo numa torre eléctrica para iluminar uma rua com eletricidade gerada em células solares é estudado por Mashkok [13]. Em 2018, a iluminação de estado sólido (SSL) seria capaz de superar totalmente a maioria dos outros dispositivos de iluminação utilizados para aplicações de iluminação geral, se construída corretamente [14]. A energia fotovoltaica e as baterias podem também beneficiar dos avanços nas fontes LED. Isto poderia melhorar drasticamente o processo de iluminação nos próximos 10 anos. A utilização de LEDs brancos em sistemas de iluminação fotovoltaica autónomos inclui o conhecimento das propriedades eléctricas, ópticas e térmicas. Chikouche [15] utiliza um controlo de comando (DC Driver) para lâmpadas LED solares montadas em díodos semicondutores GaN de fósforo branco. Utilizando um sistema fotovoltaico autónomo, este sistema é aplicado à iluminação pública para obter um controlo fiável dos LED, utilizando um mínimo de energia eléctrica para um funcionamento com uma vida útil longa e uma iluminação eficiente. É proposta a criação de sistemas de iluminação utilizando energia solar e componentes electroluminescentes, incluindo LEDs brancos de alta potência [16]. É proposta a criação de sistemas de iluminação utilizando energia solar e componentes electroluminescentes, incluindo LEDs brancos de alta potência. Baburajan et al [17] explicam uma rede de iluminação pública inteligente com recursos de energia solar integrados e aplicações móveis como a substituição de todas as lâmpadas tradicionais por lâmpadas LED, e explicam a relação custo-eficácia da utilização de ruas LED alimentadas a energia solar para minimizar os custos de energia no campus, substituindo todas as lâmpadas tradicionais por luzes LED. Kumar [18] apresenta uma investigação sobre a substituição da energia dos combustíveis fósseis por energia solar para iluminar as ruas escuras da cidade de Fugar, na Nigéria, a fim de estabelecer uma solução sustentável para a iluminação de 210 candeeiros de rua LED. Verificou-se que a energia solar fotovoltaica no local é a mais viável do ponto de vista tecnológico e financeiro, com emissões quase nulas, contribuindo para a sustentabilidade. Nas zonas rurais da Índia, foi também realizada uma avaliação da viabilidade técnico-económica de um sistema de luzes de rua inteligentes (SSL) [19]. Orabi [20] introduz um sistema de iluminação pública sem consumo de energia, pelo que não há necessidade de eletricidade da rede; as ruas podem ser iluminadas com lâmpadas de menor potência, não há custos de manutenção, não há emissões de CO_2 e o sistema não necessita de rede e é ambientalmente sustentável. Normalmente, os sistemas de iluminação pública solar (SSL) são equipados com baterias de armazenamento de energia (BES) para utilização nocturna da energia armazenada. Singh [21] mostra a utilização do software de simulação HOMER Pro para modelar a eficiência energética do fornecimento de eletricidade ao campus para iluminação pública nocturna até 11 horas por dia. Em [22], a DIALUX e o HOMER realizaram uma análise técnico-económica de sistemas de iluminação rodoviária PV LED fora da rede para as regiões norte, centro e sul da Turquia. O COE nivelado dos sistemas de iluminação rodoviária LED fotovoltaicos fora da rede varia entre $0,229 e $0,362/kWh, e o Custo Atual Líquido (NPC) bruto de todo o sistema de iluminação por km situa-se entre 24296 e 44318 dólares. Os sistemas de iluminação pública isolados atualmente comercializados, baseados na configuração clássica de acoplamento de células fotovoltaicas (PV) e bateria, não podem funcionar em regiões afastadas do equador durante todo o ano. Para melhorar o sistema clássico, propõe-se um sistema híbrido que combina um sistema fotovoltaico, uma bateria e uma pilha de combustível [23]. Foi utilizado um modelo de simulação, usando dois métodos de otimização: algoritmos genéticos e algoritmos simplex. Obtém-se um projeto eficiente, mostrando que uma luz de rua de 60 W custará 7150 V com uma vida útil de 25 anos. Wilson [24] mostra como otimizar o projeto de um Sistema Híbrido de Energias Renováveis (HRES) para alimentar um candeeiro de rua de 160 W com energia solar e eólica, utilizando o pacote de software HOMER e o PVsyst. Verificou-se que o HRES reduziu as necessidades de armazenamento de energia em 38,75% e os custos totais em 14,4%. Rajeev [25] apresentou a análise de custo-benefício de uma lâmpada de rua de alta potência, alimentada por energia solar, que emite um díodo como fonte de luz. Embora os custos de construção sejam elevados, para o sistema de iluminação LED proposto, alimentado por energia fotovoltaica, o período de retorno do investimento excedente é de 5,9 anos. Diferentes modelos de negócio para a implementação de aplicações de iluminação solar fotovoltaica para definir os factores de sucesso e fracasso na Índia rural. O estudo baseia-se em estudos de casos, inquéritos, comunicação com várias partes interessadas e identificou uma série de barreiras socioeconómicas, tecnológicas e de mercado [26]. Outro estudo de [27] tentou encontrar a(s) solução(ões) mais adequada(s), ecológica(s) e "natural(ais)" para satisfazer as necessidades de iluminação exterior. Os resultados obtidos mostram que, para 100.000 horas de iluminação, o Índice de Processo Sustentável varia entre 258 km2 e 7760 km2 e a pegada de carbono varia entre 930 e 48.496 toneladas de CO_2 eq. Huang et al [28] investigam a construção de uma iluminação rodoviária LED alimentada por energia solar utilizando luminárias LED de alta potência (100 W) e estimam os custos de instalação para uma autoestrada de duas faixas de 10 km. Os resultados indicam que o custo de construção é de 22 milhões de dólares para os LED alimentados pela rede, 26 milhões de dólares para os alimentados por energia solar e 18 milhões de dólares para a iluminação tradicional de mercúrio, enquanto os custos da fonte de alimentação e da linha de transmissão eléctrica podem ser significativamente reduzidos, uma vez que cerca de 75% da energia dos LED foi poupada. O tempo de recuperação do investimento excessivo em LEDs é de 2,2 anos para os LEDs alimentados pela rede eléctrica e de 3,3 anos para os LEDs alimentados por energia solar.

A iluminação pública solar é um sistema de iluminação exterior que ilumina uma rua ou espaços abertos. Estas luzes de rua funcionam em modo autónomo [29]. O candeeiro de rua solar deve ser construído numa área sem sombras ou num local onde haja luz solar direta durante o dia. Durante o pôr do sol, a lâmpada LED liga-se automaticamente e desliga-se até ao nascer do sol. Nos mercados globais, a iluminação solar integrada é a última tendência. Um sistema integrado de iluminação pública solar que integra os elementos de energia renovável do painel solar, a lâmpada LED e a bateria Li-Fe num único produto sem quaisquer cabos [30]. Juntamente com um detetor de movimento, este dispositivo tudo-em-um fornece uma solução para pelo menos cinco anos de baixo consumo de energia, longa duração e alta luminosidade, bem como manutenção gratuita. Os componentes de alta qualidade aumentam o tempo de vida do produto para mais de 9 anos, o elevado desempenho luminoso, o baixo volume, o peso reduzido e a comodidade de transporte. As desvantagens deste dispositivo integrado são os custos elevados, que só são utilizados para pequenas unidades [31]. Existem dois tipos de ligações do sistema: o primeiro descreve a situação em que a bateria é colocada no poste na caixa da bateria, enquanto o segundo descreve a bateria no subsolo, dependendo dos requisitos do local do projeto. No caso dos sistemas de iluminação pública solar autónomos, a caixa da bateria montada no poste de iluminação continua a ser uma prática corrente. Os painéis solares absorvem a radiação solar durante o dia, de acordo com a teoria do efeito fotovoltaico, e depois convertem-na em energia eléctrica através do sistema de carga e descarga, que acaba por ser armazenada na bateria. Quando a intensidade da luz diminui para cerca de 10 lux [29], [2] durante a noite e a tensão de circuito aberto do painel solar excede um determinado valor, o controlador detecta o valor da tensão e actua. A bateria fornece a energia para que a luz LED se mova numa determinada direção e o LED emita luz visível. A bateria descarrega-se após um determinado período de tempo, o dispositivo de carga e descarga actua novamente para interromper a descarga da bateria e preparar a carga ou descarga seguinte. A conceção dos sistemas de iluminação solar fora da rede utilizados neste estudo é composta pelos seguintes componentes separados: Módulo Solar Foto-Voltaico (SPV), Luminária, Bateria, Unidade Controladora de Carga, Poste e Cabos de Interligação. Os sistemas de iluminação pública solar LED têm muitas aplicações [32]: Iluminação de aeroportos, estacionamento de hospitais, estacionamento de parques infantis, iluminação de vias rodoviárias, iluminação de ruas, luz de segurança, iluminação de estradas e rampas, iluminação de pontes, iluminação residencial e iluminação comercial.

Os candeeiros de rua solares são fontes de luz elevadas que são alimentadas por painéis fotovoltaicos geralmente montados na estrutura de iluminação ou integrados no próprio poste. Os painéis fotovoltaicos carregam uma bateria recarregável, que alimenta uma lâmpada fluorescente ou LED durante a noite. A maioria dos painéis solares liga-se e desliga-se automaticamente ao detetar a luz exterior através de uma fonte de luz. Muitos podem permanecer acesos durante mais de uma noite se o sol não estiver disponível durante alguns dias. Os modelos mais antigos incluíam lâmpadas que não eram fluorescentes ou LED. As lâmpadas solares instaladas em regiões ventosas estão geralmente equipadas com painéis planos para melhor resistir aos ventos. Os modelos mais recentes utilizam tecnologia de controlo sem fios para a gestão da bateria. Os candeeiros de rua que utilizam esta tecnologia podem funcionar como uma rede, tendo cada candeeiro a capacidade de funcionar dentro ou fora da rede.

Vantagens

. A iluminação pública solar é independente da rede eléctrica. Assim, os custos de operação são minimizados.

. Os candeeiros de rua solares requerem muito menos manutenção do que os candeeiros de rua convencionais.

. Uma vez que os fios externos são eliminados, o risco de acidentes é minimizado.

. Trata-se de uma fonte de eletricidade não poluente.

. As partes separadas do sistema solar podem ser

facilmente transportadas para áreas remotas

Desvantagens

. O investimento inicial é mais elevado em comparação com a iluminação pública convencional.

. A neve ou o pó, combinados com a humidade, podem acumular-se nos painéis fotovoltaicos horizontais e reduzir ou mesmo parar a produção de energia.

. As pilhas recarregáveis terão de ser substituídas várias vezes ao longo da vida útil das luminárias, o que aumenta o custo total de vida útil da luz.

Devido às longas linhas de transmissão, à eletrificação inadequada e a muitos outros factores, a maior parte das áreas listadas tem dificuldade em aceder à energia de forma contínua. Em zonas remotas, é necessária uma enorme quantidade de dinheiro para transmitir a energia, o que faz com que o sistema de iluminação pública solar seja um assunto a considerar. Esta investigação centra-se no desenvolvimento sustentável em áreas citadinas através da utilização de iluminação pública solar, concentrando-se na nova tecnologia ecológica e na sua utilização para o desenvolvimento sustentável. Os objectivos a investigar são os seguintes

- Apresenta um sistema inteligente de iluminação pública (SSL) para zonas remotas, identifica as principais vantagens e desvantagens do SSL no contexto da localização remota de ruas,
- Examina a avaliação da viabilidade do SSL em áreas remotas, utilizando um estudo de caso do promotor imobiliário da Universidade do Cairo, localizado remotamente na rua, no distrito de Bolak Al Dakrour, no estado de Giza, Egito.
- O principal objetivo é investigar a viabilidade técnica de conceção de sistemas solares autónomos, para além de avaliar a análise custo-benefício e o período de retorno do investimento de luminárias LED solares em comparação com as luminárias eléctricas convencionais, para o sistema de iluminação pública exterior com energia eléctrica gerada em células solares e determinar o dimensionamento dos componentes do sistema, bem como a simulação de arranjos de iluminação é realizada utilizando o pacote de software DIALUX 4.12.
- Além disso, para manter a eletricidade que, na realidade, retém as matérias-primas necessárias à produção de eletricidade, como o carvão, o petróleo e o gás.

- Centra-se nas emissões geradas por este sistema proposto contra a central eléctrica e outras fontes mecânicas que utilizam recursos não convencionais ou combustíveis fósseis para a produção de eletricidade.

2. MATERIAIS E MÉTODOS

A presente análise de viabilidade centra-se na eficiência tecnológica e ambiental do projeto proposto. Com base nos dados meteorológicos e técnicos recolhidos, a metodologia de investigação foi realizada utilizando equações matemáticas e uma ferramenta de simulação de iluminação por computador. Neste estudo, é apresentado o dimensionamento do sistema de iluminação solar autónomo através de equações de projeto e a distribuição das luminárias na rua, utilizando cálculos matemáticos e o software de simulação do sistema de iluminação.

2.1 Dados de recolha

2.1.1 Dados geográficos do sítio

No presente estudo, a produção de energia eléctrica será comparada com a carga eléctrica do local selecionado. O local é a rua de entrada do promotor imobiliário da Universidade do Cairo, Bolak Al Dakrour, Giza, Egito. Está localizado a uma altitude (elevação) de 143,6 m na Latitude 30° 02' N e na Longitude 31° 19' E. A rua do local selecionado tem uma largura de 10 m, duas faixas de rodagem, um comprimento de 32 m e a natureza deste local é uma área residencial com passeios laterais e relva (árvores). A localização da rua selecionada na área de estudo é mostrada na figura 1-a [33] e o esquema CAD na figura 1-b.

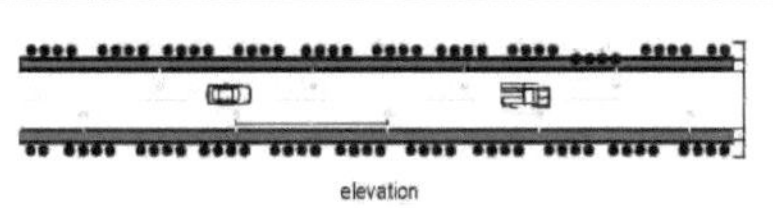

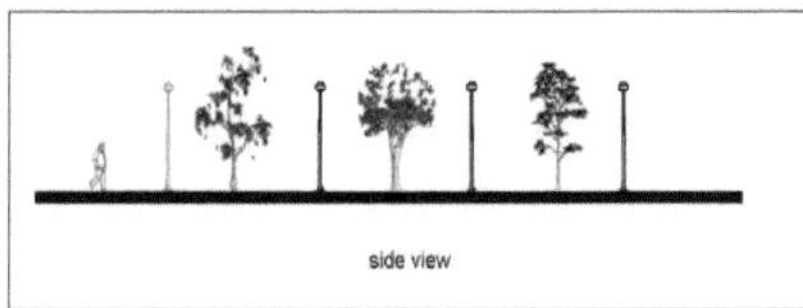

a) Location map b) CAD scheme

Fig.1: Localização do promotor imobiliário, Giza, Egito

2.1.2 Dados dos recursos de radiação solar do local

Os dados meteorológicos sobre a radiação solar são importantes para o ambiente de funcionamento da iluminação. Um projeto de utilização de energia solar deve ser sempre estabelecido após uma compreensão abrangente das condições de radiação solar no local escolhido. Os cálculos de conceção do sistema baseiam-se nos dados de radiação solar para o local selecionado, uma vez que o ângulo utilizado na iluminação da estação de inverno é de cerca de 35° para uma proteção elevada. A figura 2 ilustra a média mensal de radiação solar dos recursos do local, que foi retirada da National Aeronautics and Space Administration (NASA) [34]. Estes dados meteorológicos foram obtidos com base em observações dos valores médios horários da radiação solar no local selecionado de 2010 a 2020. A radiação solar média anual neste local é de 5,98 kW/m2/dia. O valor máximo de radiação solar em junho é de 8,16 kWh/m2/dia e o valor mínimo em dezembro é de 3,54 kWh/m^2 /dia.

2.1.3 Dados de consumo elétrico

Aqui, definimos o padrão de carga em função da sua potência nominal e do tempo de funcionamento. A potência nominal média desta lâmpada LED selecionada é de 15 W, conforme estimado na equação 2, e é suposto funcionar durante 12 horas, das 17h00 às 5h00 no inverno e das 18h00 às 6h00 no verão. Assim, o consumo de energia (E) é igual a 15×12 = 180 Wh/dia e 190 Wh/dia após a adição de um fator de segurança de 5%. Na Figura 3, está representada a carga diária típica de energia eléctrica para a rua do local.

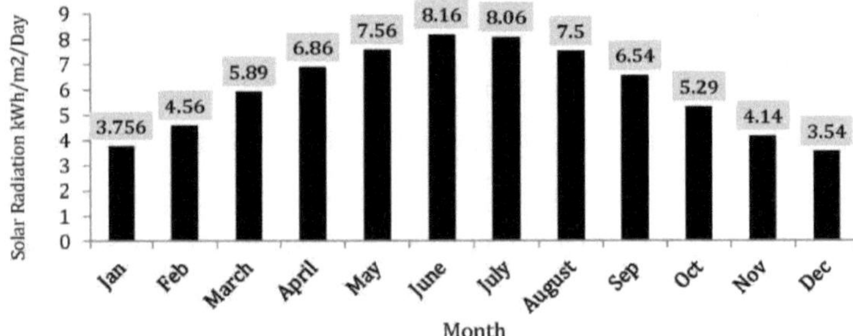

Fig. 2: Recursos do sítio, radiação solar média mensal, 2010:

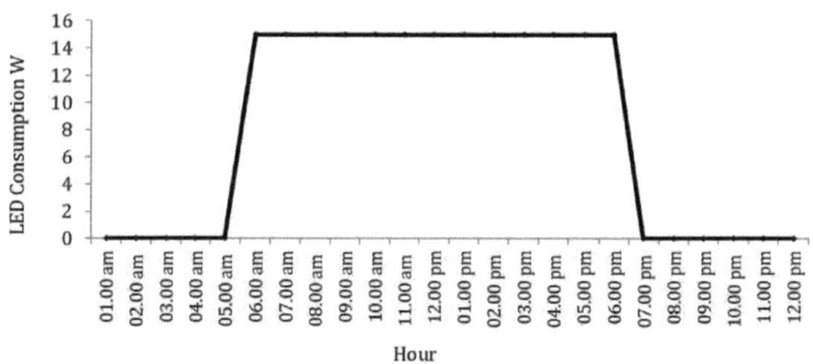

Fig.3: Padrão de consumo diário de eletricidade LED do local selecionado

Componentes:

Painéis solares: Os painéis solares fotovoltaicos (PV) são instalados no topo do poste de iluminação pública ou em estruturas próximas para recolher a luz solar. Estes painéis contêm células solares que convertem a luz solar em eletricidade de corrente contínua (DC).

Controlador de carga: Um controlador de carga é utilizado para regular a tensão e a corrente dos painéis solares e evitar a sobrecarga ou a descarga profunda das baterias. Garante que as baterias são carregadas de forma óptima e segura.

Baterias: A eletricidade gerada pelos painéis solares é armazenada em baterias recarregáveis, normalmente baterias de ciclo profundo. Estas baterias armazenam energia durante o dia para alimentar as luzes durante a noite, quando não há luz solar.

Lâmpadas LED: As lâmpadas LED de alta eficiência são utilizadas como fonte de luz nos candeeiros de rua solares. A tecnologia LED é escolhida pela sua eficiência energética, durabilidade e luminosidade. Os LEDs são alimentados pela energia armazenada nas baterias.

Controlo da luz: Um sistema de controlo de luz, muitas vezes integrado com um temporizador ou um sensor de luz (fotocélula), é utilizado para ligar automaticamente as lâmpadas LED ao anoitecer e desligar ao amanhecer ou a uma hora específica predefinida. Alguns sistemas podem também ajustar a luminosidade das lâmpadas com base nas condições de luz ambiente.

Poste e montagem: Os painéis solares, as lâmpadas LED, as baterias e outros componentes são normalmente montados num poste de iluminação pública robusto, que é instalado no local desejado. A altura e o design do poste podem variar consoante a aplicação específica e as preferências estéticas.

2.2 Etapas de conceção

A conceção do sistema de iluminação solar depende do tipo de estrada, da velocidade dos veículos e da intensidade da luz; as etapas da conceção são ilustradas nos pontos seguintes.

- Tipo de rua: o tipo de rua é uma pequena estrada

local estreita com passeio lateral, relva e a velocidade típica do tráfego motorizado na rua selecionada é baixa, entre 5 e 30 km/h, pelo que a rua selecionada é a D3.

- Tipo de LED: o LED selecionado é o PHILIPS (BGP303 1xLED18-3S/740 DM) de 15 W de potência e a folha de dados das especificações do LED é apresentada na tabela 1 [35].

Tabela 1: Especificações dos LEDs PHILIPS (BGP303 1xLED18-3S/740 DM)

Power	15 W
Total lamp flux	1800 lm
Light output ratio	0.89
Luminous flux	1602 lm
Dimensions	0.33×0.47×0.08 m
Ballast	SCN gear

- Arranjos do poste: a altura do poste é de 7 m, de acordo com a norma dos fundamentos das luminárias [36], [37] (se o fluxo da lâmpada LED estiver entre 1000 e 5000 lm, a altura do poste é de 6-7 m).

- Nível de iluminação ou intensidade da luminária (L): é estimado de acordo com o tipo de estrada e a velocidade dos veículos. Assim, L é igual a 4 LUX neste estudo [38].
- Distância entre postes ou espaçamento entre luminárias (S): é calculada de acordo com as normas de iluminação da via pública, como se pode ver na equação seguinte [36] :

$$S = \frac{Q \times U \times M}{W \times L} \text{ (m)} \quad (1)$$

Onde, Q é o fluxo da lâmpada da luminária (lm), L é o nível de iluminação (Lux), U é o fator de utilização, Mn é o fator de manutenção e W é a largura da rua. Portanto, a distância do poste aqui é de 32 m, resultando num fator de utilização de 90% e num fator de manutenção de 80%.

- Distribuição das luminárias: os dois lados estão deslocados porque a largura da rua é superior à altura do poste e também inferior a um e meio da altura do poste [37].
- Disposições da lança: o comprimento da lança é considerado como sendo de 1 m [38] O ângulo de inclinação é de 45° porque a distribuição das luminárias é feita de um lado e a distância entre o poste e a estrada é de 0,5 m [38].
- Dimensionamento da bateria: o tamanho da bateria é considerado como 2,5 vezes a potência do LED e a capacidade da bateria em amperes-hora (Bc) é estimada conforme ilustrado na equação (2) [29], [31].

$$Bc = \frac{(E \times D \times M)}{(DOD \times Vsys)} \text{ AH} \quad (2)$$

Em que E é a procura de consumo de energia por dia (Wh/dia), D é o número de dias de autonomia (dia), M é a percentagem de movimento (%), DOD é a profundidade de descarga (%) e Vsys é a tensão do sistema.

- Dimensionamento dos painéis fotovoltaicos: a potência em watts dos painéis fotovoltaicos P(PV) é considerada como 3-4 vezes a potência do LED e calculada de acordo com a seguinte equação

[36]:

$$P\,(PV) = \frac{E}{Hs}\,(W) \tag{3}$$

Onde, Hs representa as horas de pico solar no pior caso da estação de inverno (hr).

- Controlador de carga (Icharge): o tamanho do controlador de carga selecionado (A) é aqui calculado de acordo com a equação 4:

$$ICharge = IPV(A) \tag{4}$$

2.3 Simulação de iluminação usando DIALUX

A DIAL desenvolveu o DIALUX [33], que é um software gratuito para o planeamento profissional da iluminação. Este software é extremamente útil para projetar sistemas de iluminação para espaços interiores e exteriores de uma forma simples e intuitiva. Para o local selecionado, o software DIALUX 4.12 é utilizado para efetuar cálculos de simulação de iluminação rodoviária para avaliar as classes de iluminação rodoviária, as luminárias LED ideais, as dimensões dos postes e o espaçamento. Os perfis de carga foram gerados a partir das potências LED recolhidas, utilizando as horas de funcionamento da iluminação medidas no local selecionado. A iluminação rodoviária inclui a iluminação de praças, cruzamentos, auto-estradas e vias de tráfego principais interiores e exteriores, sendo responsável pela maior parte da utilização global de energia na iluminação geral. Para as luminárias LED de iluminação rodoviária, os cálculos são feitos em conformidade com os requisitos nacionais de iluminação rodoviária do Egito, que se baseiam nas diretrizes da Comissão Internacional de Iluminação (ICIE), nas Normas da União Europeia (CEN) e na Empresa Egípcia de Distribuição de Eletricidade (EEDAS). Os parâmetros de entrada e saída da simulação de iluminação rodoviária DIALUX são apresentados na tabela 2. O DIALUX calcula a luminância do ponto P numa superfície de estrada da seguinte forma [33]:

$$Lp = \sum_{i=1}^{an} \frac{I(C.\gamma).\, r\,(\beta, \tan\gamma).\, \phi L}{h^2 10^7} \times Mn \qquad (W) \qquad (5)$$

em que, Lp é a luminância de um ponto na superfície da estrada (cd/m^2), an é o número de luminárias, L é a intensidade luminosa da luminária na direção do ponto na estrada (cd), C é o ângulo do plano, γ é o ângulo de incidência da luz, r é o coeficiente de luminância reduzida da superfície da estrada para os ângulos e correspondente à incidência da luz e à direção de observação em relação ao ponto considerado (cd/m^2 /lux), β é o ângulo entre o plano de incidência da luz e o plano de observação, ΦL é o fluxo luminoso da luminária, h é a altura de montagem da luminária (m), α_g é o ângulo de observação (a partir da horizontal) e Mn é o fator de manutenção. O sistema proposto foi simulado utilizando o software DIALUX para verificar o desempenho da ideia proposta utilizando os valores dos componentes projectados. Os dados do perfil da planta da rua selecionada estão ilustrados na tabela 3. Os resultados da simulação são apresentados na secção seguinte.

Tabela 2: Dados de entrada e parâmetros de saída da simulação da iluminação rodoviária

Input Parameters		**Outputs Parameters**
• Road Lighting Class • Road Type • Road Nature • Road Width Length & • Luminaire Catalogue • Pole Spacing • Maintenance Factor	**DIALUX**	• Optimal Pole Height • Optimal LED Luminaire • Optimal Pole Spacing • Optimal Boom Length & Angle • LED Power

Quadro 3: Dados sobre o perfil das ruas

Grass Strip 1	Width: 3 m
Sidewalk 1	Width: 2 m
Roadway	Width: 10 m, No of lanes:2, Type D3
Sidewalk 2	Width: 2 m
Grass Strip 2	Width: 3 m
Maintenance factor	80%
Utilization factor	90%

3. RESULTADOS E DISCUSSÃO

3.1 Resultados da viabilidade da conceção técnica

Para a avaliação da sustentabilidade, foi desenvolvido com êxito um modelo de sistemas autónomos de iluminação pública com energia solar fotovoltaica. O quadro acima referido foi estudado em termos de viabilidade tecnológica, análise de custos e consequências ambientais. O modelo simulará a viabilidade económica, tecnológica e ambiental dos sistemas durante um longo período de tempo. Através da aplicação das equações anteriores (1-5), o dimensionamento e as especificações dos componentes do sistema de iluminação solar autónomo proposto são ilustrados na tabela 4. O esquema do sistema de distribuição de iluminação na rua selecionada usando DIALUX é mostrado na figura 4. Os arranjos de iluminação na rua selecionada são apresentados na figura 5. Os resultados técnicos do desempenho da iluminação do sistema proposto são apresentados na tabela 5.

Tabela 4: Especificações dos componentes de dimensionamento do sistema de iluminação pública solar autónomo proposto

Classification (Standard)	Integrated solar street Light including motion sensor
Standard Module	MA STRAP
Dimensions	15x6x1.5 inches
Weight	3 pounds
Material	ABS thermoplastic polymer
Power Source	Solar
Switch Installation Type	Wall-mount/Pole-mount
Solar Module	SFM Monocrystalline 45 WP, 36 cells, 25 years, 17.3 V and 2.61 A
Battery	1 Lithium ion battery, 12 V, 37.5 AH, DOD 80%, storage up to 2 days and 5 years for life time.
Charge Controller	EPEVER MPPT 10 A, 12 V
System Voltage	12 V
LAMP	15 W LED of PHILIPS (BGP303 1xLED18-3S/740 DM)
Pole distance	32 m
Pole height	7 m
Luminaries arrangements	Two-sides offset
No of luminaries per pole	1

Este sistema proposto foi concebido de acordo com 12 horas de funcionamento: quatro horas com 100% de eficiência, quatro horas com 75% de eficiência e quatro horas com 50% de eficiência.

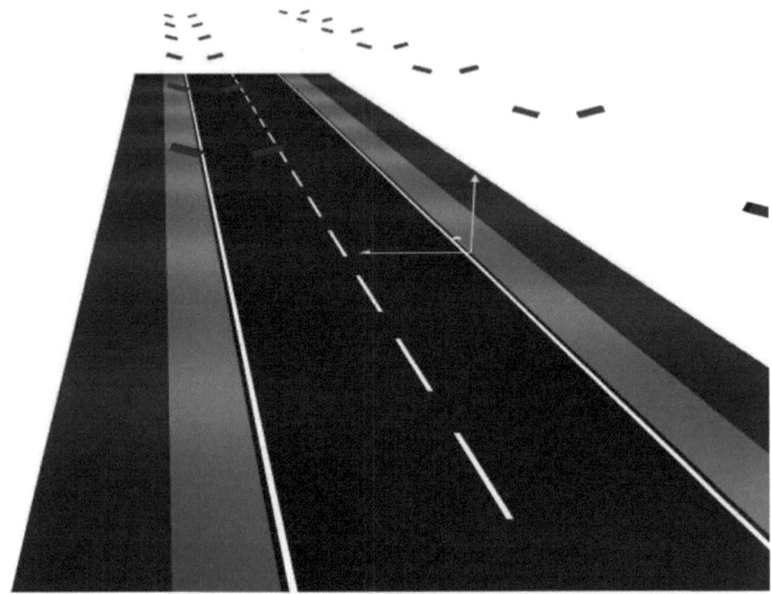

Fig. 4: Esquema do sistema de distribuição de iluminação na rua selecionada utilizando DIALUX

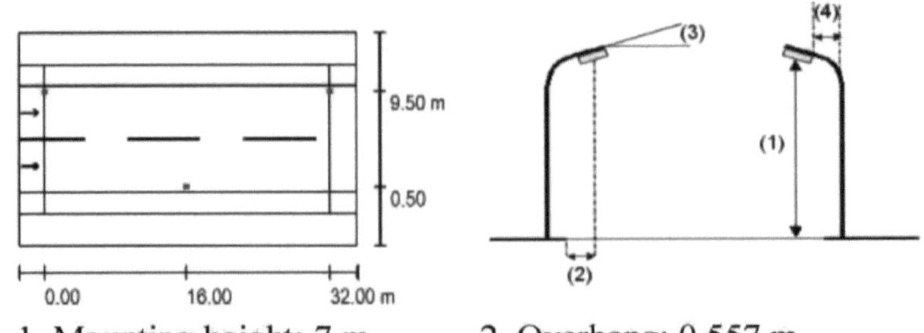

1. Mounting height: 7 m
2. Overhang: 0.557 m
3. Boom angle: 45°
4. Boom length: 1 m

Fig.5: Disposição das luminárias na rua selecionada

usando DIALUX

Quadro 5: Resultados do desempenho técnico da iluminação do sistema proposto

Valuation Field Roadway	
Level of roadway brightness	2.46 (cd/m^2)
Roadway uniformity	0.86
Roadway uniformity in the middle	0.93
Luminaire clearness	9 %
Roadway lighting to sidewalk lighting	0.76
Lighting class	ME4a
Grid	11×6 points
Length	32 m
Width	10 m
Valuation Field Sidewalk	
Sidewalk energy illumination of LED	30.5 lux
Sidewalk uniformity	0.73
Lighting class	CE5
Grid	11×3 points
Length	32 m
Width	2 m

De acordo com as normas de iluminação pública [33], [36]; os requisitos de desempenho de iluminação que são exibidos na tabela anterior são cumpridos essas normas. Primeiro; para a estrada: o nível de brilho padrão deve ser ≥ 0,75 (cd/m^2), a uniformidade deve ser ≥ 0,40, a uniformidade no meio deve ser ≥ 0,60, a claridade da luminária deve ser ≤ 15 % e a relação entre a iluminação da estrada e a iluminação do passeio deve ser ≥ 0,5. Em segundo lugar, para a calçada: a iluminação energética da calçada deve ser ≥ 7,50 lux e a uniformidade deve ser ≥ 0,40. Por conseguinte, todos os resultados técnicos cumprem as normas de desempenho de iluminação e o sistema de iluminação proposto para a rua selecionada foi desenvolvido com êxito. Além disso, é proposto um microcontrolador de baixo custo para monitorizar todo o dispositivo. As ruas podem ser iluminadas com lâmpadas de menor potência, sem custos de manutenção, sem emissões de CO_2, sem utilização de energia da rede e sem efeitos ambientais. A análise detalhada dos parâmetros financeiros e a análise da fiabilidade serão objeto de trabalhos futuros.

3.2. Resultados económico-comerciais

Nesta secção, apresentamos uma análise económica comercial comparativa entre as luminárias eléctricas normais e as luminárias solares LED para este estudo da iluminação pública selecionada. As especificações das luminárias utilizadas no estudo comercial da iluminação pública solar são apresentadas no apêndice A [39]. A tabela 6 ilustra os elementos da lista de quantidades e o custo estimado para as luminárias eléctricas convencionais e a tabela 7 para as luminárias solares LED.

Quadro 6: Ficha BOQ das luminárias eléctricas convencionais

Electrical BOQ	Quantity	Unit Price (EGP)	Total Price (EGP)
	Components		
Light Distribution Board	1	12,000.00	12,000.00
Poles 7m	10	3,200.00	32,000.00
LED Light Luminaire 15 W	10	2,400.00	24,000.00
AC Cables (4*10) cu/pvc/XLPE	400	102.00	40,800.00
	Installing Team		
Installation	1	6,000.00	6,000.00
Team Transportation	1	2,000.00	2,000.00
	Total Cost		
Total (Supply + Apply)	1		116,800.00

Quadro 7: Ficha BOQ das luminárias solares LED

Electrical BOQ	Quantity	Unit Price (EGP)	Total Price (EGP)
	Components		
Solar Street Light 30 W	10	3,200.00	32,000.00
Poles 7m	10	3,200.00	32,000.00
	Installing Team		
Installation	1	6,000.00	6,000.00
Team Transportation	1	2,000.00	2,000.00
	Total Cost		
Total (Supply + Apply)	1		72,000.00

A partir das tabelas 5 e 6, verifica-se que o custo total da utilização de luminárias eléctricas normais é de 116 800 EGP, o que equivale a 7 250 USD, de acordo com as taxas bancárias egípcias, enquanto 72 000 EGP equivalem a 4 500 USD quando se utilizam luminárias solares LED. É evidente que o custo-benefício da utilização de luminárias solares LED atinge cerca de 62%. O sistema elétrico é composto por um quadro de distribuição de luz para acender a luz automaticamente quando o sol se põe e para a apagar quando o sol nasce através de um sensor de células fotoeléctricas, bem como por uma lâmpada LED normal de 15 W e o componente mais importante é o cabo CA (4*10)/Cu/PVC/XLPE, que é a razão do custo elevado. Assim, este estudo comercial é rentável e permite obter um projeto fiável quando substituímos o sistema de distribuição eléctrica transitório pelo novo sistema de luz solar.

3.3 Análise do custo e do período de retorno do investimento

O custo dos sistemas de produção de eletricidade é aqui medido em relação ao custo dos recursos. Além disso, os períodos básicos de retorno do investimento foram calculados tendo em conta o custo mensal da eletricidade da rede. O custo de capital de uma rua LED alimentada por um sistema de distribuição da rede eléctrica é de 7.250 USD. O custo de capital estimado de dez postes de iluminação pública LED alimentados por energia solar fotovoltaica é de 4.500 USD. O custo da instalação não está incluído nos custos mensais de utilização de energia, que são calculados utilizando as tarifas da empresa egípcia de distribuição de eletricidade. A taxa de tarifa para uma unidade de consumo de energia (kWh) é de 0,01 USD [40] (para fins de iluminação pública), de acordo com a empresa egípcia de distribuição de eletricidade. Numa base mensal, o custo médio da utilização de energia é de cerca de 200 USD, e a fatura eletrónica global que deve ser cobrada anualmente é de cerca de 2 400 USD. Em comparação com os sistemas propostos, é mais dispendioso do que um painel solar em termos de custos de construção. Os períodos de retorno do investimento na construção da rede são de quatro anos, e estes períodos de retorno foram calculados sem ter em conta os custos de funcionamento. Os sistemas de energia solar, por outro lado, têm um custo de funcionamento quase nulo e uma vida útil de 25 anos [41]. Agora, se for considerado um sistema solar, com um período de retorno de dois anos, isso ajuda a poupar nas facturas electrónicas durante mais 4,46 anos (uma vez que os sistemas solares fotovoltaicos têm uma vida útil de 25 anos), o que equivale a cerca de 60 000 USD, que podem ser utilizados para a manutenção do sistema durante as falhas. Consequentemente, nos resultados acima referidos, o sistema de iluminação pública LED alimentado a energia solar é técnica e financeiramente viável.

3.4 Análise das emissões

O mundo moderno está à procura de tecnologias eficientes que não produzam quase nenhuma poluição. Nesta análise, todas as soluções propostas foram avaliadas em termos de emissões de CO_2. As emissões de CO_2 da eletricidade da rede são calculadas multiplicando o fator de emissão da eletricidade da rede pela quantidade de energia consumida em kWh [42]. O fator de emissão para a eletricidade da rede no Egito é de 0,6 $kgCO_2/kWh$ [43]. Consequentemente, a quantidade de CO_2 emitida para o ambiente por 1.800 Wh de energia por dia é de cerca de 1.080 gCO_2 e as emissões numa base anual são de cerca de 388,8 $kgCO_2/ano$. No caso da energia solar, as emissões geradas são quase inexistentes. Por conseguinte, entre as soluções propostas, o sistema solar fotovoltaico é o mais respeitador do ambiente.

No final, se o sistema proposto for comparado com outros estudos [18], [19], [21], verifica-se que é eficiente devido ao menor custo de capital e período de retorno do investimento, bem como ao impacto ambiental.

4. CONCLUSÕES

É apresentada uma abordagem original da conceção de um sistema de iluminação pública exterior solar autónomo e aplicada a um estudo de caso aplicável no Promotor Imobiliário da Universidade do Cairo, Giza, Egito. O objetivo deste estudo é investigar a viabilidade técnica da conceção de sistemas de iluminação solar autónomos com energia eléctrica gerada em células solares e determinar o dimensionamento dos componentes do sistema, para além de avaliar a análise custo-benefício das luminárias LED solares em comparação com as luminárias eléctricas convencionais. Para a avaliação da sustentabilidade, foi desenvolvido e simulado com sucesso um modelo de sistemas de iluminação pública movidos a energia solar fotovoltaica, utilizando o pacote de software DIALUX 4.12, do ponto de vista da viabilidade tecnológica e ambiental, durante um longo período de tempo. Os resultados podem ser concluídos da seguinte forma:

- O candeeiro de rua solar integrado com sensor de movimento é utilizado neste estudo, incluindo LÂMPADAS LED PHILIPS de 15 W, painel monocristalino de 45 W, bateria de iões de lítio de 12 V 37,5 AH e controlador de carga de 10 A 12 V.
- Os resultados da simulação de iluminação indicam

que a disposição das luminárias é deslocada nos dois lados, a altura do poste é de 7 m e a distância do poste é de 32 m.

- Além disso, todos os resultados da avaliação técnica de luminosidade e uniformidade cumprem as normas de desempenho de iluminação.
- Este sistema proposto foi concebido de acordo com 12 horas de funcionamento: 4 horas com 100% de eficiência, 4 horas com 75% de eficiência e 4 horas com 50% de eficiência.
- Com este sistema proposto, as ruas podem ser iluminadas com lâmpadas de menor potência, sem custos de manutenção, sem emissões de CO_2 e com independência energética da rede.
- Ao implementar o estudo comercial, verificou-se que o custo-benefício da utilização de luminárias LED solares em comparação com as luminárias eléctricas convencionais atinge cerca de 62% e o período de retorno do investimento é de 2 anos. Assim, este estudo comercial é rentável e permite obter um projeto fiável quando substituímos o sistema de distribuição eléctrica transitório por um novo sistema de iluminação solar.
- O sistema de iluminação pública LED alimentado a energia solar proposto é tecnicamente viável, bem como financeiramente viável e ambiental.

Com esta proposta, nas ruas egípcias, as lâmpadas LED podem poupar mais de metade da eletricidade total necessária, com uma boa relação custo-eficácia em termos de tempo de retorno e de vida útil; além disso, a solução proposta pode resolver o problema da procura de carga no ponto de pico egípcio para futuros esquemas destinados a resolver crises energéticas globais.

5. REFERÊNCIAS

[1] Huang-Jen Chiu; Yu-Kang Lo; Chun-Jen Yao; Shih-Jen Cheng, "Conceção e implementação de um sistema de iluminação pública fotovoltaica de descarga de alta intensidade", IEEE Trans. Power Elctronics, vol. 26, no. 12, pp. 34643471, 2011.

[2] F. W. T. KIONG, "a Cost Effective Solar Powere d Led Street Light", no. julho, 2014.

[3] A. M. Humada, M. Hojabri, H. M. Hamada, F. B. Samsuri, e M. N. Ahmed, "Avaliação do desempenho de duas tecnologias fotovoltaicas (c-Si e CIS) para a construção de fotovoltaicos integrados com base em condições climáticas tropicais: Um estudo de caso na Malásia", Energy Build, vol. 119, no. 233-241, 2016.

[4] O. Andrzej e J. Grela, "Poupança de energia no sistema de controlo da iluminação pública - uma nova abordagem baseada na norma EN-15232", pp. 563-576, 2017, doi: 10.1007/s12053-016-9476-1.

[5] T. Programa de Demonstração e G., "Iluminação Pública LED", no. dezembro, 2008.

[6] S. Malhotra e V. Kumar, "Sistema de iluminação pública inteligente: An Energy Efficient Approach," vol. 5, no. 2, pp. 2014-2017, 2016.

[7] Bausch J., "duas soluções de iluminação pública eficientes do ponto de vista energético".

Electron Prod, 2011. [Online]. Disponível: https ://www.electronicproducts.com/2-energy-efficient-streetlight-solutions/#.
[8] A. Peña-García, R. Escribano, A. Espín-Estrella, e Luisa María Gil-Martín, "Computational optimization of semi-transparent tension structures for the use of solar light in road tunnels," Tunn. Undergr. Sp. Technol., vol. 32, pp. 127-131, 2012.
[9] B. P. Singh, B. K. Sharma, H. Singh, and A. Sharma, "COMPARITIVE STUDY ON SOLAR STREET LIGHT OPTIMIZATION FOR RURAL DEVELOPMENT," vol. 2, no. 7, 2014.
[10] G. Liu, "Sustainable feasibility of solar photovoltaic powered street lighting systems," Int. J. Electr. Power Energy Syst., vol. 56, pp. 168-174, 2014, doi: 10.1016/j.ijepes.2013.11.004.
[11] A. Khalil, Z. Raj ab, M. Amhammed e A. Asheibi, "Os benefícios da transição dos combustíveis fósseis para a energia solar na Líbia: A street lighting system case study", Appl. Sol. Energy (English Transl. Geliotekhnika), vol. 53, no. 2, pp. 138-151, 2017, doi: 10.3103/S0003701X17020086.
[12] O. M. Roche e R. E. Blanchard, "Design of a solar energy centre for providing lighting and incomegenerating activities for off-grid rural

communities in Kenya," Renew. Energy, vol. 118, pp. 685-694, 2018, doi: 10.1016/j .renene.2017.11.053.

[13] S. Estudos, E. Ciências e S. Vol,
“ عر اشدومعة رانلإ
يئوصورهد هيدعه ماطه هيمصد هيقدلاا هيدم يف هيسمشلا هقاطلا نم
Design Photoelectric System to Light a Street Pole by Solar Energy in Lattakia City," vol. 2014, no. 36, 2014.

[14] M. Fontoynont, "Iluminação LED, esquemas de iluminação de ultra-baixa potência para novas aplicações de iluminação", Comptes Rendus Phys., vol. 19, no. 3, pp. 159-168, 2018, doi: 10.1016/j.crhy.2017.10.014.

[15] M. Fathi, A. Chikouche e M. Abderrazak, "Design and realization of LED Driver for solar street lighting applications," Energy Procedia, vol. 6, pp. 160165, 2011, doi: 10.1016/j.egypro.2011.05.019.

[16] M. Fathi, A. Aissat e M. Abderrazak, "Otimização do condutor eletrónico e da gestão térmica da iluminação LED alimentada por energia solar fotovoltaica", Energy Procedia, vol. 18, pp. 291-299, 2012, doi: 10.1016/j.egypro.2012.05.040.

[17] S. Baburajan, "Cost Benefits of Solar-powered LED Street Lighting System Case

Study-American University of Sharjah , UAE," Int. Res. J. Eng. Technol., vol. 4, no. 2, pp. 11-17, 2017.

[18] N. M. Kumar, A. K. Singh, e K. V. K. Reddy, "Fossil Fuel to Solar Power: A Sustainable Technical Design for Street Lighting in Fugar City, Nigeria", Procedia Comput. Sci., vol. 93, no. setembro, pp. 956966, 2016, doi: 10.1016/j.procs.2016.07.284.

[19] N. R Velaga e A. Kumar, "Techno-economic Evaluation of the Feasibility of a Smart Street Light System: Um estudo de caso da Índia rural", Procedia - Soc. Behav. Sci., vol. 62, pp. 1220-1224, 2012, doi: 10.1016/j.sbspro.2012.09.208.

[20] M. Aly, M. Orabi, E. Abdelkarim, e A. El Aroudi, "Design and Development of Energy-Free Solar Street LED Light System," no. dezembro, 2011, doi: 10.1109/ISGT-MidEast.2011.6220812.

[21] M. K. Deshmukh e A. B. Singh, "Modelação de

desempenho energético do sistema SPV autónomo utilizando o HOMER pro," Energy Procedia, vol. 156, no. setembro de 2018, pp. 90-94, 2019, doi:
10.1016/j.egypro.2018.11.100.

[22] A. C. Duman e Õ. Güler, "Techno-economic analysis of off-grid photovoltaic LED road lighting systems: A case study for northern,

central and southern regions of Turkey", Build. Environ., vol. 156, no. abril, pp. 89-98, 2019, doi: 10.1016/j.buildenv.2019.04.005.

[23] J. Lagorse, D. Paire, and A. Miraoui, "Sizing optimization of a stand-alone street lighting system powered by a hybrid system using fuel cell, PV and battery," Renew. Energy, vol. 34, no. 3, pp. 683-691, 2009, doi: 10.1016/j.renene.2008.05.030.

[24] W. R. Nyemba, S. Chinguwa, I. Mushanguri, e C.

Mbohwa, "Otimização da conceção e fabrico de um candeeiro de rua híbrido solar-eólico", Procedia Manuf., vol. 35, pp. 285-290, 2019, doi: 10.1016/j.promfg.2019.05.041.

[25] M. Rajeev e S. S. Nair, "Economic Feasibility of Solar Powered Street Light using high power LED - A Case Study," Int. Conf. Renew. Energy Util., no. janeiro, pp. 75-80, 2012.

[26] S. Anand e A. B. Rao, "Models for Deployment of Solar PV Lighting Applications in Rural India", Energy Procedia, vol. 90, no. dezembro de 2015, pp. 455462, 2016, doi: 10.1016/j.egypro.2016.11.212.

[27] K. Shahzad et al., "Um estudo de viabilidade ecológica para o desenvolvimento de um sistema de iluminação pública sustentável", J. Clean. Prod., vol. 175, pp. 683-695, 2018, doi: 10.1016/j.jclepro.2017.12.057.

[28] M. S. Wu, H. H. Huang, B. J. Huang, C. W. Tang,
e C. W. Cheng, "Economic feasibility of solar-powered led roadway lighting," Renew. Energy, vol. 34, no. 8, pp. 1934-1938, 2009, doi: 10.1016/j.renene.2008.12.026.

[29] A. Fashina et al., "A study on the reliability and performance of solar powered street lighting systems," Int. J. Sci. World, vol. 5, no. 2, p. 110, 2017, doi: 10.14419/ijsw.v5i2.8109.

[30] S. Baburajan, F. Amin, e A. Ahmed, "Solar Powered LED Street Lighting System Case Study- American University of Sharjah," vol. 8, no. 1, pp. 1002-1009, 2017.

[31] M. N. Bhairi, S. S. Kangle, M. S. Edake, B. S. Madgundi e V. B. Bhosale, "Conceção e implementação de uma luz de rua LED solar inteligente", Proc. - Int. Conf. Tendências Electron. Informatics, ICEI 2017, vol. 2018-Janua, no. maio de 2017, pp. 509-512, 2018, doi: 10.1109/ICOEI.2017.8300980.

[32] Jessica, "Prós e contras da iluminação solar", SolarBlaze Products, 2017. [Online]. Disponível: http://solarblazeproducts.com/pros-and-cons-of-solar- lighting/.

[33] "Localização do site". [Online]. Disponível: https://www.google.com/maps/place/مدينة+المبعوثين/@30 .0350481,31.1925029,5428m/data=!3m1!1e3!4m8!1m 2!2m1

!1sReal+Estate+Developer+of+Cairo+University,+Giza,+Egypt !3m4 ! 1s0x0:0xd1581d60fd0a7e1c ! 8m2 !3d30.0291559!4d31.1964458.
[34] "Administração Nacional da Aeronáutica e do Espaço,
NASA". [Online]. Disponível: https://power.larc.nasa.gov/data-access-viewer/.
[35] Alma E.F.Taylor, Illumination Fundamentals. Lighting Research Center, 2000.
[36] G. R. S. David L. Dilaura, Kevin W. Houser, Richard
G. Mistrick, The Lighting Handbook: Referência e Aplicação (ILLUMINATING ENGINEERING SOCIETY OF NORTH AMERICA//LIGHTING HANDBOOK) 10ª Edição. Engenharia de Iluminação; 10ª edição, 2011.
[37] J. F. C. John E. Kaufman, IES lighting handbook. Sociedade de Engenharia de Iluminação, Sociedade de Engenharia de Iluminação, 2020.
[38] U. Administration, Federal Highway Office of Safety and Traffic Operations, Roadway lighting handbook. Biblioteca da Universidade de Michigan, 1978.
[39] "Eco Lights Price.pdf". .
[40] "O Ministério da Eletricidade e das Energias Renováveis
Energia", Egito, 2021. [Online]. Disponível:

http://www.moee.gov.eg/test_new/Home.aspx.
[41]
K.KarakoulidisK.MavridisD.V.BandekasP.Adoniad isC.PotoliasN.Vordos, "Techno-economic analysis of a stand-alone hybrid photovoltaic-diesel-battery-fuel cell power system," Renew. Energy, vol. 36, no. 8, pp. 2238-2244, 2011.
[41] A. M. Brander et al., "Technical Paper | Electricityspecific emission factors for grid electricity," no. agosto, pp. 1-22, 2011.
[42] T. Informação, "Fator CO 2", pp. 2-4.

6. APÊNDICE

Apêndice A: especificações luminosas utilizadas no estudo comercial da iluminação pública solar [39]

Item No	0302A24-01	0302B36-01
Power	24W	36W
LED Lamp	24W LED 6000K-6500K	36W LED 6000K-6500K
Lamp Size	786*430*734mm	786*680*734mm
Solar Panel	15V 17.1W, Mono-crystalline	15V 28.5W, Mono-crystalline
Battery Type	Lithium-Ion 12V 15.6AH	Lithium-Ion 12V 23.4AH
Charging time	6-8 hours	
Discharging time	30-36 hours	
Lumen	100lm/w	
Material	Aluminum Alloy	
Install Height	3-5m	4-7m

Printed by Books on Demand GmbH, Norderstedt / Germany